# ZOOLOGÍA FANTÁSTICA

*Manual de zoología fantástica*
Primera edición: FCE, 1957
Segunda edición: FCE, 1984

*Zoología fantástica*
Primera edición en español: Galería Arvil/INBA México, 1999
Segunda edición en español: Artes de México, 2013

Edición: Margarita de Orellana
Coordinación editorial: Gabriela Olmos
Diseño: Alejandra Guerrero Esperón
Asistencia editorial: José Acevez Muñoz
Fotografía: Galería Arvil, excepto: Jorge Vértiz: págs. 60, 62, 72, 80, 82, 93, 96, 110, 112.
Agradecimiento: Patricio Yerena


Córdoba 69, colonia Roma, 06700, México, D.F.
Teléfonos: 52 (55) 5525 5905, 5525 4036
www.artesdemexico.com


Cerrada de Hamburgo 7, colonia Juárez, 06600, México, D.F.
Teléfonos 5207 2900, 5207 2820
www.arvil.com.mx

Como libro en encuadernación rústica ISBN 978-607-461-127-4
Como libro en pasta dura ISBN 978-607-461-129-8



Impreso en México

# ZOOLOGÍA FANTÁSTICA

*Francisco Toledo* | *Jorge Luis Borges*

PRÓLOGO DE
**JOSÉ EMILIO PACHECO**

INTRODUCCIÓN DE
**CARLOS MONSIVÁIS**

# | Índice |

# | La luz en el zoológico de las sombras | *A la memoria de Carlos Monsiváis*

José Emilio Pacheco

I

El oro vale por su gran escasez.
Si se compara con la piedra,
En el inmenso mundo hay muy poco oro.
Por eso lo codiciamos y matamos por él
Y esclavizamos pueblos enteros.

Lo mismo pasa con el reino animal.
Nadie ha visto unicornios ni catoblepas.
En cambio, bajo este suelo que piso,
Hay trillones de hormigas inagotables.
No se piensa en la hormiga como criatura fantástica
Y sin embargo es un prodigio
En su diseño armónico y artístico
Y en su capacidad de resistencia.
Y basta un microscopio electrónico
Para ver en la mosca de la fruta
Un monstruo cegador que engendra pánico.

(No puedo hablar aquí de la otra zoología
De que dependen nuestras vidas
Sin que podamos verlos: virus, microbios, bacterias.
Para abatir nuestra soberbia, ellos son
Los verdaderos amos del planeta.)

II Al margen de las fábulas humanas
¿Hablan los animales?
Del gato se sospecha
Que domina cualquier idioma.
Pero se niega a que nos enteremos
Con el único objeto de no servirnos.

Pero veamos por un instante:
Avanzan por la acera dos columnas de hormigas,
Paralelas aunque caminen en sentido contrario.
La hormiga A se desprende de su formación impecable
Y cruza al lado opuesto
Para ordenar a la hormiga B que se dirija a otra parte
O ejecute una acción en bien del estado totalitario.
Los individuos no importan.
El único sentido de su existencia
Es la perpetuación de la especie.
Hay una Abeja Reina, el poder,
Y millones de esclavas y algunos zánganos.

Las gaviotas adiestran a sus polluelos
Para tomar un guijarro
Y dejarlo caer desde la altura
Sobre la concha de una almeja.
Al sentir la agresión, abre sus valvas
Entonces el pico ávido la engulle.
¿Cómo será posible si no hay lenguaje?

III Hablamos de animales muy presentes
Que según todas las mitologías
Sobrevivieron al Diluvio.
No obstante, hubo quizás una segunda arca.
Se perdió entre la tempestad más terrible del mundo
Y atracó en una orilla fuera de todo.
Gracias a ella perduran
Otros seres que sólo podemos ver
En sueños y pesadillas.
Y ahora están aquí convertidos en arte
En los dibujos de Toledo y los textos de Borges.

IV En la ominosa historia
De nuestra relación con los animales
(Un vínculo de dominio, explotación y matanza
Como sucede con los pueblos conquistados)
Hay un año crucial.

En 1520 los europeos observaron
Por vez primera un zoológico
En el jardín de Moctezuma.
No se hacía distinción
Entre personas y animales.
Lo mismo estaban tras las rejas el océlotl y el quetzal
Que los albinos, enanos y jorobados.
Dentro del Templo Mayor
Cortés halló las representaciones en piedra
De los dioses aztecas
Y en Europa se difundió la certeza
De que eran los demonios del cristianismo.
Los conquistadores no estaban, como creían,
En un Nuevo Mundo
Sino de verdad en Otro Mundo
Que no encajaba en sus mentalidades.

V En este libro prodigioso
La colaboración entre dos grandes artistas
Produjo una obra única
Que ahora ya no puede separarse.
Al dominio de lo fantástico
Pertenece también
Su trabajo en común y en el terreno onírico.

Toledo era niño cuando Borges inició su labor
Y Borges no pudo ver los trazos magistrales que había inspirado.
En los últimos meses de su vida
Toledo lo homenajeó
Al presentar por primera vez
En Tokio las treinta y dos acuarelas iniciales
De esta serie que es un zoológico sin final ni comienzo.

VI La primera impresión que da este conjunto
Al espectador inocente e ignaro (es decir, a mí)
Es que en el encuentro imposible y real
Entre Oaxaca y Buenos Aires,
Toledo sexualizó con mano maestra
La prosa asexual de Borges.

Sin embargo, es una impresión falsa:
Hay un tercer misterio y un personaje casi secreto.
Se llama Margarita Guerrero, en adelante MG.
De ella casi no hablan las mil biografías de Borges
O le dedican unas cuantas líneas
Que la vuelven aún más enigmática.

Veo entre las imágenes disponibles
Una foto de MG que la perpetúa como una gran belleza argentina

De los años cuarenta.
Contra lo que afirmaba la leyenda
Que se tejió alrededor de él en vida,
Borges estuvo siempre rodeado de mujeres.
Para él la consumación
No sucedió en el lecho sino en la mesa de trabajo.
Su cópula fue estrictamente verbal:
Enlazar las palabras, no los cuerpos, en la selva virgen: la página.
Aunque existen mil biografías
No sabemos (o al menos yo no lo sé)
Si el *Manual de zoología fantástica* fue el último libro
Que Borges alcanzó todavía a escribir con su mano
O es el primero que dictó íntegramente.

Como director
De la Biblioteca Nacional en la calle México
Borges tenía a sus espaldas todo el saber
Y toda la fantasía de este y los demás mundos.
De aquellos libros infinitos
Se extrajo la quintaesencia del *Manual*.

VII Enfrente o a su lado estaba MG,
Doble morir de sed junto a dos fuentes: la mujer y los libros.
Con ella había escrito

Una breve monografía sobre el Martín Fierro.
Pero en todo caso lo esencial
Es que *Otras inquisiciones,*
El libro más importante del Borges ensayista,
Está dedicado a ella.
(Por cierto, en ningún lado se dice
Que el editor
En el sentido de escoger y ordenar
Las páginas dispersas en revistas
A lo largo de por lo menos veinte años,
Fue su amigo el excelente José Bianco.)

VIII En 1957Arnaldo Orfila
Publicó en el Fondo de Cultura Económica
El *Manual,*
Una edición de lujo encuadernada en papel biblia
Que Monsiváis, Pitol y yo
Pudimos comprar en la Librería Zaplana
Por nueve pesos con cincuenta centavos.
Once años después, en 1968,
La obra fue refundida y aumentada
Con treinta y cuatro nuevos textos
Y apareció bajo el título de
*El libro de los seres imaginarios.*

IX Allí, por última vez las iniciales de JLB aparecen unidas a las de MG.
También se le da crédito a ella
En la traducción inglesa del propio Borges
Con Norman Thomas di Giovanni,
Ellos alteran y corrigen el original
Al grado de formar un tercer libro
Desconocido como tal en lengua española.

X A partir de entonces,
Al menos para mí,
El nombre de MG se desvanece.
¿Se desvanece?
No.
Sigue unida a Borges
En este cuarto libro no menos fantástico
Que la imaginación y el genio de Toledo
Han hecho para que lo veamos y leamos inagotablemente.
Lo advierto: Es peligroso:
Toledo y Borges pueden ser obsesivos.

# | Toledo y Borges: las zoologías complementarias |

Carlos Monsiváis

En el *Manual de zoología fantástica* Jorge Luis Borges, en uso del método de asimilación creativa que tanto le interesó, despliega su "reserva ecológica" de portentos, los seres imaginarios que auspician ilusiones y terrores y, al vagar por los siglos, contradicen a las mitologías institucionales, que han marginado a sus propias zoologías fantásticas. Hacía falta, y Borges lo supo, darle sitio de honor a los prodigios de nombres que en sí mismos son logros del sonido creador: el *kraken*, la anfisbena, el Bahamut, el mantícora, el Garuda, el *borametz*, el *Burak*, la rémora. En el *Manual,* Borges y su colaboradora, Margarita Guerrero, eligen aquellos animales que, para completar el plan de la Creación, juzgaron indispensables las generaciones que los soñaron y recordaron. Si se es justo, el dragón es no sólo bellísimo sino necesario a un punto límite: entre sus atributos debería figurar la canonización de san Jorge, su enemigo mortal. Si se es equitativo, se aceptará que sin los animales que moran en su fondo, los espejos se ven deshabitados. ❡ En sentido estricto, y no obstante la erudición verificable, *Manual de zoología fantástica* es una plena invención borgiana, resultado del instinto selectivo de un gran escudriñador de universos, del explorador del universo "que otros llaman la Biblioteca". Al que vislumbró la escritura del dios, al vindicador de Judas Iscariote, el solitario que gracias a la conjunción de un espejo y de una enciclopedia da con Tlön, Uqbar, y Orbis Tertius, le corresponde evocar los otros seres inconcebibles que habitan espacios paralelos. En el transcurso de su obra magnífica, Borges, el centenario de cuyo nacimiento se conmemora en 1999, hizo del sueño (el suyo y el de los otros, el de la literatura universal) una estrategia de remodelación y síntesis, y le confirió a tigres, espejos y laberintos, la calidad de referencias entrañables. Era inevitable en la obra borgiana la localización y la consignación de los animales que infestan el sendero de las obsesiones y las transmigraciones, que ascienden y descienden por los abismos de tiempos y formas, y que llevan por instantes a confundir a la realidad con Escila, de seis cabezas, cada una con tres hileras de dientes y con perros que ladran en la parte inferior del cuerpo, y con el Devorador de las sombras. ❡ A su magistral modo, y por la sola vía de la literatura, Borges ofrece un panorama de arquetipos universales de la pesadilla, la imaginación y el entusiasmo. El elemento común en este parque del "inconsciente colectivo" es el carácter irrecuperable de los monstruos. Son ya parte de los espejismos desvanecidos, de lo abolido por la masificación de la fantasía. (En un maravilloso dibujo satírico, Chas Addams captó el proceso irremediable: desde un islote, amenazado por el diluvio, el unicornio observa melancólico la partida del arca de Noé.) Homenaje a la mitología que se extinguió al erosionarse las tradiciones orales e instalarse el culto de la modernidad, el *Manual de zoología fantástica*, "jardín cuya fauna no es de leones sino de esfinges y de grifos y de centauros", es un resumen notable de las ideas majestuosas de los antiguos, cuando los monstruos de moda aún no se adquirían en *videoshops* y jugueterías y todo quedaba al arbitrio del poderío de las visiones interiores. ❡ A solicitud del Fondo de Cultura Económica, Francisco Toledo ilustró La *Zoología fantástica*. Y el resultado es un manual distinto y complementario donde las visiones transitan de lo extraordinario a lo largo de los siglos a lo extraordinario de todos los días. Toledo (nacido en Juchitán, Oaxaca, en 1940, y formado al mismo tiempo en la cultura occidental y en las culturas indígenas) transforma su acervo zapoteca y lo despliega animosamente. Es la tradición muy personal y colectiva a la vez, que ya no contempla fieras monumentales capaces de levantar un elefante por los aires, ni el pueblo de los espejos que se anuncia con el rumor de las armas, ni hidras, ni *ictiocentauros*, sino criaturas de todos los días, encarnaciones laicas de la religiosidad popular, parábolas de la sexualidad frenética, los animales tutelares (conejos, coyotes, venados, tortugas, iguanas) que emblematizan con sorna y cordialidad el instinto y la sabiduría. ❡ ... Es el Manual de Zoología Erótica que descompone el deseo en garras y fauces, traslada las orgías tempestuosas a ríos y matorrales, describe los juntamientos placenteros de peces y cerdos, delata la falocracia de los pájaros y el empollamiento de las centurias, ve irrumpir a los paquidermos en el trópico y observa el ayuntamiento de la mula y el unicornio, y sorprende en fin la suplantación reptilínea de los genitales… ❡ "En el centauro —escribe Borges— se conjugan el caballo y el hombre, en el minotauro el toro y el hombre (Dante lo imaginó con rostro humano y cuerpo de toro) y así podríamos producir, nos parece, un número indefinido de monstruos, combinaciones de pez, de pájaro y de reptil, sin otros límites que el hastío o el asco." Mucho antes de "ilustrar" (complementar) la *Zoología fantástica*, ya parte considerable de la gran obra de Toledo ha consistido en esta *ars combinatoria*, la búsqueda de las virtudes inesperadas en los acoplamientos. ❡ Con discreción e irónica violencia, Toledo organiza su fabulario, Esopo testimonial y lujurioso, La Fontaine asilado en las maravillas de las concupiscencias, narrador visual de admirable eficacia. En su obra circulan los patos silvestres que propagan la muerte de Santa Teresa y la fundación del pueblo de Juchitán, los burros que con tal de oír los regaños de Dios lo desobedecen, el diablo que se disfraza de venado para hacer el amor con las viejitas, la iguana que es la tosca representación de la eternidad. Toledo conoce minuciosamente las mitologías de Oaxaca (lo que no lo detiene en su invención) y ha trabajado como etnólogo, recopilando por ejemplo técnicas amorosas y augurios de los huaves, y enlistando manifestaciones y avisos de la naturaleza: "La urraca toca en el árbol, como quien toca puerta, bonito sonido. Es buena señal/Si ves al zopilote montando a la zopilota, se muere tu familia/Si se ve en el monte venado como borracho, puede ser anuncio de enfermedad". En razón de ello, en lo que Borges llamaría paradoja evidente, suscita en parte importante de su obra recuerdos que han pertenecido a terceros, y transmite imágenes que son simultáneamente arte y mitología, fábula y pintura, memoria colectiva y alucinación estética. ❡ Hay un punto de semejanza entre los relatos muy terrenales y muy estéticos de Toledo y el fabulario clásico de Borges: la duda ante un orden donde las formas ya arribaron a su límite. Si la capacidad de mezcla es tan infinita como el olvido, lo que soñaron los antiguos y lo que transmiten los informantes de Toledo son relatos que confluyen hacia el mismo zoológico de la fantasía. Al lado de la fauna milagrosa del ciervo celestial o el Fénix chino, Toledo, con elegancia y humor, concibe otra donde la naturaleza es una asechanza jubilosa, los peces y los venados son falos y vaginas proteicos, y en cada animal abundan trampas y liberaciones orgásmicas. En la feroz sexualización, el mayor refinamiento. Toledo elige la zona de su tradición que más le importa, la pone al día, y la sugiere como memoria para adoptarse libremente, donde los seres imaginados no amenazan sino divierten, no representan los temores arraigados sino la lujuria o la ternura adecuadas a las circunstancias de este momento del relato. ¶ Borges y Toledo: la unión de realidades paralelas y simultáneas, la paradoja eleática según la cual el ave roc jamás alcanzará a la iguana escurridiza y lúbrica, y nunca sabremos en qué momento el *kraken* acecha y la serpiente-pez-hombre copula. Al fin y al cabo, y desde sus posiciones tan disímbolas, ambos representan en sus obras "el corazón central que no pacta con palabras, no trafica con sueños y al que no tocan el tiempo, el gozo, las adversidades". ¶

# | Prólogo |

A un chico lo llevan por primera vez al jardín zoológico. Ese chico será cualquiera de nosotros o, inversamente, nosotros hemos sido ese chico y lo hemos olvidado. En ese jardín, en ese terrible jardín, el chico ve animales vivientes que nunca ha visto; ve jaguares, buitres, bisontes y, lo que es más extraño, jirafas. Ve por primera vez la desatinada variedad del reino animal, y ese espectáculo, que podría alarmarlo u horrorizarlo, le gusta. Le gusta tanto que ir al jardín zoológico es una diversión infantil, o puede parecerlo. ¿Cómo explicar ese hecho común y a la vez misterioso? ❡ Podemos, desde luego, negarlo. Podemos pretender que los niños bruscamente llevados al jardín zoológico adolecen, veinte años después, de neurosis, y la verdad es que no hay niño que no haya descubierto el jardín zoológico y que no hay persona mayor que no sea, bien examinada, neurótica. Podemos afirmar que el niño es, por definición, un descubridor y que descubrir el camello no es más extraño que descubrir el espejo o el agua o las escaleras. Podemos afirmar que el niño confía en los padres que lo llevan a ese lugar con animales.

Además, el tigre de trapo y el tigre de las figuras de la enciclopedia lo han preparado para ver sin horror al tigre de carne y hueso. Platón (si terciara en esta investigación) nos diría que el niño ya ha visto al tigre, en el mundo anterior de los arquetipos, y que ahora al verlo lo reconoce. Schopenhauer (aún más asombrosamente) diría que el niño mira sin horror a los tigres porque no ignora que él es los tigres y los tigres son él o, mejor dicho, que los tigres y él son de una misma esencia, la Voluntad. ❡ Pasemos, ahora, del jardín zoológico de la realidad al jardín zoológico de las mitologías, al jardín cuya fauna no es de leones sino de esfinges y de grifos y de centauros. La población de este segundo jardín debería exceder a la del primero, ya que un monstruo no es otra cosa que una combinación de elementos de seres reales y que las posibilidades del arte combinatorio lindan con lo infinito. En el centauro se conjugan el caballo y el hombre, en el minotauro el toro y el hombre (Dante lo imaginó con rostro humano y cuerpo de toro) y así podríamos producir, nos parece, un número indefinido de monstruos, combinaciones de pez, de pájaro y de reptil, sin otros límites que el hastío o el asco. Ello, sin embargo, no ocurre; nuestros monstruos nacerían muertos, gracias a Dios. Flaubert ha congregado, en las últimas páginas de *La tentación*, todos los monstruos medievales y clásicos y ha procurado, sus comentadores nos dicen, fabricar alguno; la cifra total no es considerable y son muy pocos los que pueden obrar sobre la imaginación de la gente. Quien recorra nuestro manual comprobará que la zoología de los sueños es más pobre que la zoología de Dios. ❡ Ignoramos el sentido del dragón, como ignoramos el sentido del universo, pero algo hay en su imagen que concuerda con la imaginación de los hombres, y así el dragón surge en distintas latitudes y edades. Es, por decirlo así, un monstruo necesario, no un monstruo efímero y casual, como la quimera o el catoblepas. ❡ Por lo demás, no pretendemos que este libro, acaso el primero en su género, abarque el número total de los animales fantásticos. Hemos investigado las literaturas clásicas y orientales, pero nos consta que el tema que abordamos es infinito. ❡ Deliberadamente, excluimos de este manual las leyendas sobre transformaciones del ser humano: el lobisón, el *werewolf*, etcétera. ❡ Queremos asimismo agradecer la colaboración de Leonor Guerrero de Coppola, de Alberto D'Aversa y de Rafael López Pellegri. ❡

JLB | MG

*Martínez, 29 de enero de 1954.*

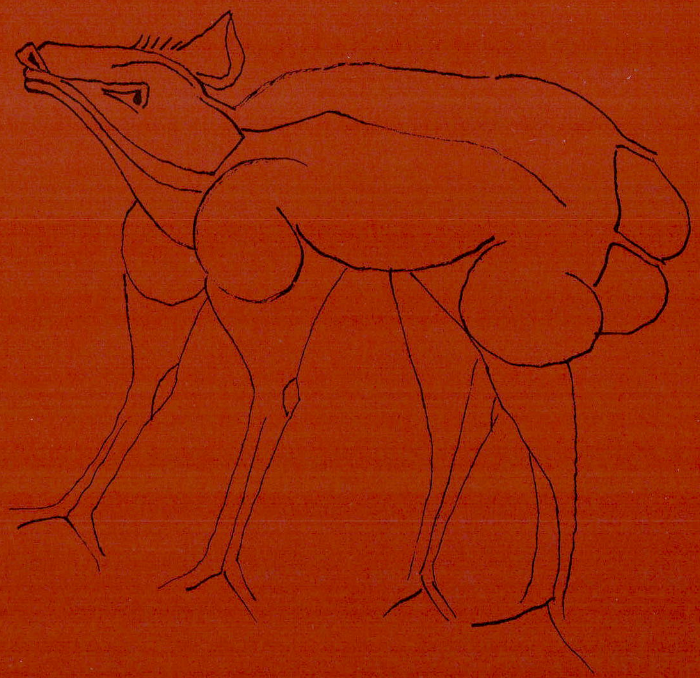

00% COTTON

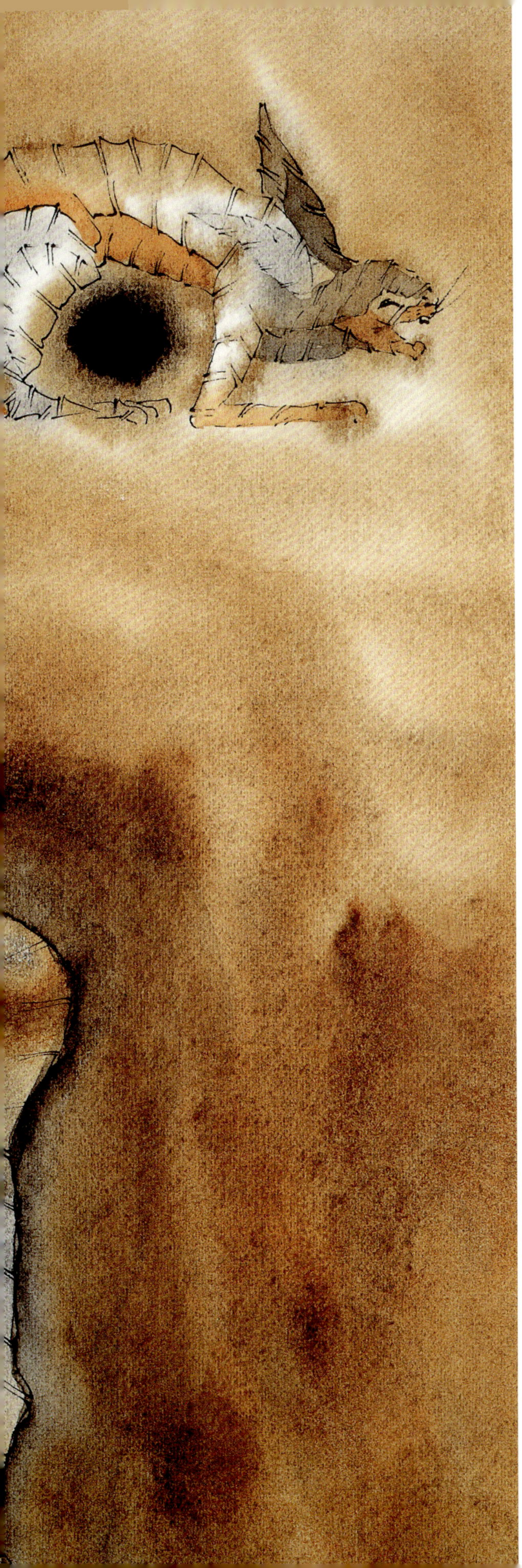

# | *A Bao A Qu* |

Para contemplar el paisaje más maravilloso del mundo, hay que llegar al último piso de la Torre de la Victoria, en Chitor. [...] En la escalera de la Torre de la Victoria, habita desde el principio del tiempo el *A Bao A Qu*, sensible a los valores de las almas humanas. Vive en estado letárgico, en el primer escalón, y sólo goza de vida consciente cuando alguien sube la escalera. La vibración de la persona que se acerca le infunde vida, y una luz interior se insinúa en él. Al mismo tiempo, su cuerpo y su piel casi translúcida empiezan a moverse. Cuando alguien asciende la escalera, el *A Bao A Qu* se coloca casi en los talones del visitante y sube prendiéndose del borde de los escalones curvos y gastados por los pies de generaciones de peregrinos. En cada escalón se intensifica su color, su forma se perfecciona y la luz que irradia es cada vez más brillante. [...] Su vuelta a la vida es muy breve, pues al bajar el peregrino, el *A Bao A Qu* rueda y cae hasta el escalón inicial, donde ya apagado y semejante a una lámina de contornos vagos, espera al próximo visitante.

# |Animales de los espejos |

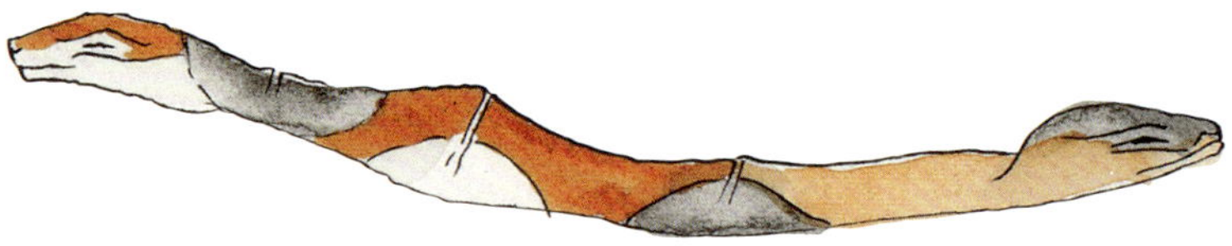

En aquel tiempo, el mundo de los espejos y el mundo de los hombres no estaban, como ahora, incomunicados. Eran, además, muy diversos; no coincidían ni los seres ni los colores ni las formas. Ambos reinos, el especular y el humano, vivían en paz; se entraba y se salía por los espejos. Una noche, la gente del espejo invadió la tierra. Su fuerza era grande, pero al cabo de sangrientas batallas las artes mágicas del Emperador Amarillo prevalecieron. Éste rechazó a los invasores, los encarceló en los espejos y les impuso la tarea de repetir, como en una especie de sueño, todos los actos de los hombres. Los privó de su fuerza y de su figura y los redujo a meros reflejos serviles. Un día, sin embargo, sacudirán ese letargo mágico. ❡ El primero que despertará será el Pez. En el fondo del espejo percibiremos una línea muy tenue y el color de esa línea será un color no parecido a ningún otro. Después, irán despertando las otras formas. ❡

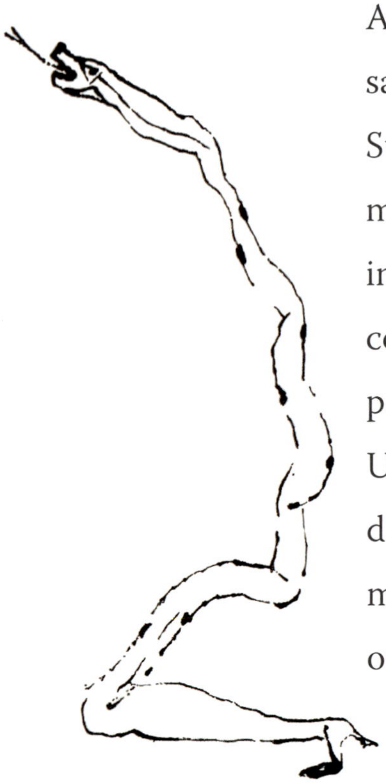

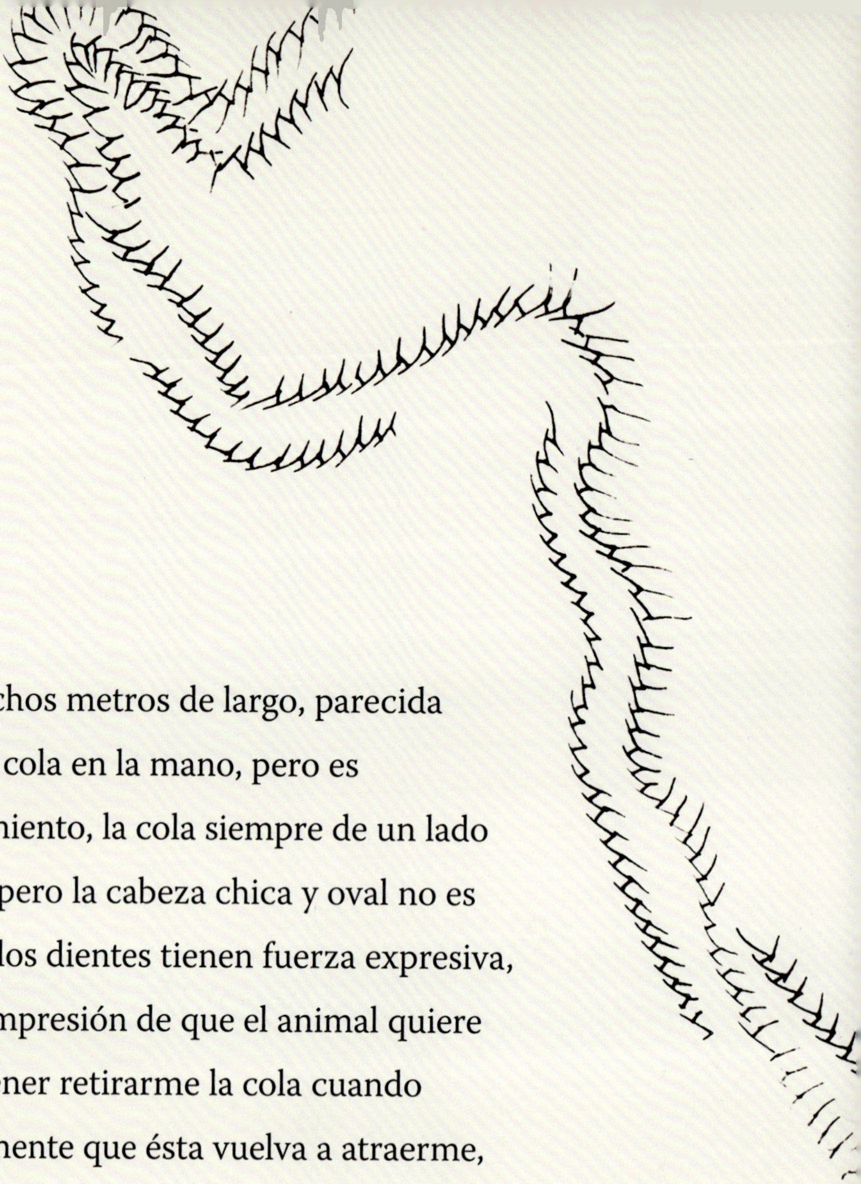

# | Un animal soñado por Kafka |

Es un animal con una gran cola, de muchos metros de largo, parecida a la del zorro. A veces me gustaría tener su cola en la mano, pero es imposible; el animal está siempre en movimiento, la cola siempre de un lado para otro. El animal tiene algo de canguro, pero la cabeza chica y oval no es característica y tiene algo de humana; sólo los dientes tienen fuerza expresiva, ya los oculte o los muestre. Suelo tener la impresión de que el animal quiere amaestrarme; si no, qué propósito puede tener retirarme la cola cuando quiero agarrarla, y luego esperar tranquilamente que ésta vuelva a atraerme, y luego volver a saltar.

Franz Kafka: *Preparativos de boda en el campo* (*Hochzeitsvorbereitungen auf dem Lande*), 1953.

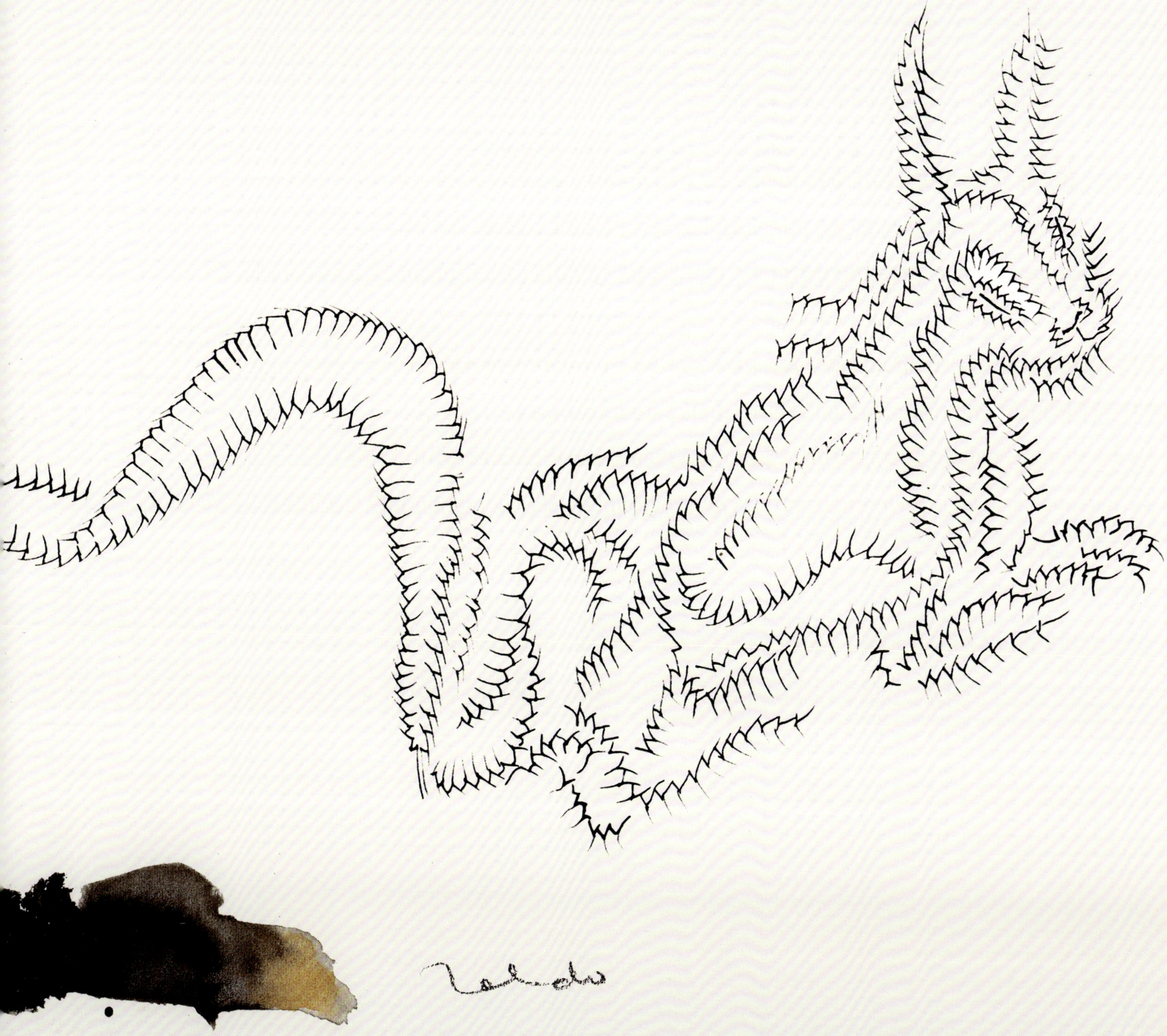

# | Un animal soñado por C. S. Lewis |

Avanzando cautelosamente en dirección a uno de estos cantos fuertes, vio finalmente a través de las ramas floridas una forma negra. Deteniéndose cuando dejaba de cantar, y avanzando de nuevo con cautela cuando reanudaba el canto, la siguió durante diez minutos. Finalmente tuvo al cantor delante de los ojos, ignorando que era espiado. Estaba sentado, erecto como un perro, y era negro, liso y brillante; sus hombros llegaban a la altura de la cabeza de Ransom; las patas delanteras sobre las que estaba apoyado eran como árboles jóvenes, y las pezuñas que descansaban en el suelo eran anchas como las de un camello. El enorme vientre redondo era blanco, y por encima de sus hombros se elevaba, muy alto, un cuello como de caballo. [...] Era el primer ser de Perelandra que parecía mostrar cierto temor al hombre. Pero no era miedo. Cuando lo llamó, se acercó a él. Puso su belfo de terciopelo sobre su mano y soportó su contacto; pero casi inmediatamente volvió a alejarse.

C. S. Lewis: *Perelandra*, 1949.

# | El animal soñado por Poe |

En su *Relato de Arthur Gordon Pym, de Nantucket*, publicado en 1838, Edgar Allan Poe atribuyó a las islas antárticas una fauna asombrosa pero creíble. Así, en el capitulo XVIII se lee: "Recogimos una rama con frutos rojos, como los del espino, y el cuerpo de un animal terrestre, de conformación singular. Tres pies de largo y seis pulgadas de alto tendría; las cuatro patas eran cortas y estaban guarnecidas de agudas garras de color escarlata, de una materia semejante al coral. El pelo era parejo y sedoso, perfectamente blanco. La cola era puntiaguda, como de rata, y tendría un pie y medio de longitud. La cabeza parecía de gato, con excepción de las orejas, que eran caídas, como las de un sabueso. Los *dientes* eran del mismo escarlata de las garras".

# | El aplanador |

Entre los años de 1840 y de 1864, el Padre de la Luz (que también se llama la Palabra Interior) deparó al músico y pedagogo Jakob Lorber una serie de prolijas revelaciones sobra la humanidad, la fauna y la flora de los cuerpos celestes que constituyen el sistema solar. Uno de los animales domésticos cuyo conocimiento debemos a esa revelación es el aplanador o apisonador (*Bodendrucker*) que presta incalculables servicios en el planeta Miron, que el editor actual de la obra de Lorber identifica con Neptuno. ❡ El aplanador tiene diez veces el tamaño del elefante, al que se parece muchísimo. Está provisto de una trompa algo corta y de colmillos largos y rectos; la piel es de un color verde pálido. Las patas son cónicas y muy anchas; las puntas de los conos parecen encajarse en el cuerpo. Este plantígrado va aplanando la tierra y precede a los albañiles y constructores. Lo llevan a un terreno quebrado y lo nivela con las patas, con la trompa y con los colmillos. ❡ Se alimenta de hierbas y de raíces y no tiene enemigos, fuera de algunas variedades de insectos. ❡

# | El ave roc |

El roc es una magnificación del águila o del buitre, y hay quien ha pensado que un cóndor, extraviado en los mares de la China o del Indostán, lo sugirió a los árabes. Lane rechaza esta conjetura y considera que se trata, más bien, de una especie fabulosa de un género fabuloso, o de un sinónimo árabe del Simurg. El roc debe su fama occidental a *Las mil y una noches.* Nuestros lectores recordarán que Simbad, abandonado por sus compañeros en una isla, divisó a los lejos una enorme cúpula blanca y que al día siguiente una vasta nube le ocultó el sol. La cúpula era un huevo de roc y la nube era el ave madre. Simbad, con el turbante, se ata a la enorme pata del roc; éste alza el vuelo y lo deja en la cumbre de una montaña sin haberlo sentido. El narrador agrega que el roc alimenta a sus crías con elefantes.

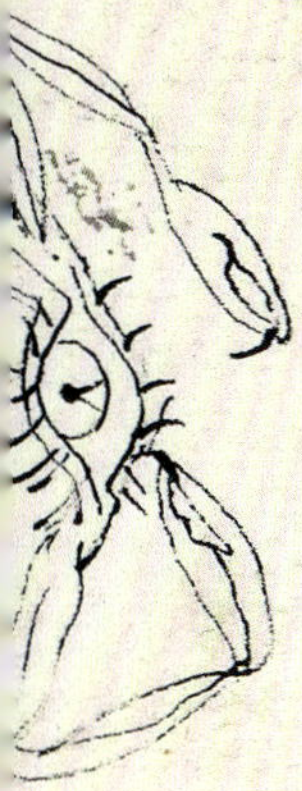

## | Bahamut |

La fama de *Behemoth* llegó a los desiertos de Arabia, donde los hombres alteraron y magnificaron su imagen. De hipopótamo o elefante lo hicieron pez que se mantiene sobre el agua sin fondo y sobre el pez imaginaron un toro y sobre el toro una montaña hecha de rubí y sobre la montaña un ángel y sobre el ángel seis infiernos y sobre los infiernos la tierra y sobre la tierra siete cielos.

Leemos en una tradición recogida por Lane: "Dios creó la tierra, pero la tierra no tenía sostén y así bajo la tierra creó un ángel. Pero el ángel no tenía sostén y así bajo los pies del ángel creó un peñasco hecho de rubí. Pero el peñasco no tenía sostén y así bajo el peñasco creó un toro con cuatro mil ojos, orejas, narices, bocas, lenguas y pies. Pero el toro no tenía sostén y así bajo el toro creó un pez llamado Bahamut, y bajo el pez puso agua, y bajo el agua puso oscuridad, y la ciencia humana no ve más allá de ese punto".

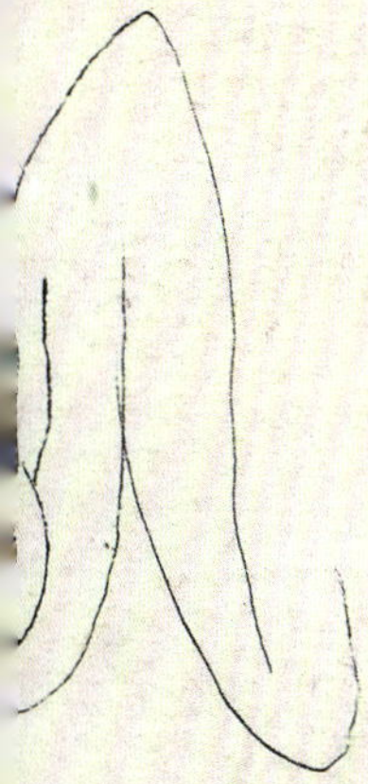

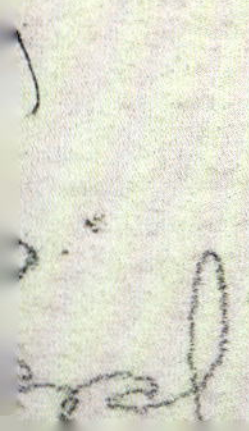

## | El *Behemoth* |

Cuatro siglos antes de la era cristiana, *Behemoth* era una magnificación del elefante o del hipopótamo, o una incorrecta y asustada versión de esos dos animales; ahora es, exactamente, los diez versículos famosos que lo describen (Job 40: 10-19) y la vasta forma que evocan. Lo demás es discusión o filología. ❡ El nombre *Behemoth* es plural; se trata (nos dicen los filólogos) del plural intensivo de la voz hebrea *b'hemah*, que significa bestia. Como dijo fray Luis de León en su *Exposición del Libro de Job: "Behemoth* es palabra hebrea, que es como decir *bestias*; al juicio común de todos sus doctores, significa el elefante, llamado ansí por su desaforada grandeza, que siendo un animal vale por muchos". ❡

# | El *Burak* |

El primer versículo del capítulo diecisiete del *Alcorán* consta de estas palabras: "Alabado sea Él que hizo viajar, durante la noche, a su siervo desde el templo sagrado hasta el templo que está más lejos, cuyo recinto hemos bendecido, para hacerle ver nuestros signos". Los comentadores declaran que el alabado es Dios, que el siervo es Mahoma, que el templo sagrado es el de la Meca, que el templo distante es el de Jerusalén y que, desde Jerusalén, el profeta fue transportado al séptimo cielo. En las versiones más antiguas de la leyenda, Mahoma es guiado por un hombre o un ángel; en las de fecha posterior, se recurre a una cabalgadura celeste, mayor que un asno y menor que una mula. Esta cabalgadura es *Burak*, cuyo nombre quiere decir resplandeciente. Según Burton, los musulmanes de la India suelen representarlo con cara de hombre, orejas de asno, cuerpo de caballo y alas y cola de pavo real.

# | El caballo del mar |

A diferencia de otros animales fantásticos, el caballo del mar no ha sido elaborado por combinación de elementos heterogéneos; no es otra cosa que un caballo salvaje cuya habitación es el mar y que sólo pisa la tierra cuando la brisa le trae el olor de las yeguas, en las noches sin luna. En una isla indeterminada —acaso Borneo— los pastores manean en la costa las mejores yeguas del rey y se ocultan en cámaras subterráneas; Simbad vio el potro que salía del mar y lo vio saltar sobre la hembra y oyó su grito. ¶ La redacción definitiva del *Libro de las mil y una noches* data, según Burton, del siglo XIII; en el siglo XIII nació y murió el cosmógrafo Al-Qazwiní que, en su tratado *Maravillas de las criaturas*, escribió estas palabras: "El caballo marino es como el caballo terrestre, pero las crines y la cola son más crecidas y el color más lustroso y el vaso está partido como el de los bueyes salvajes y la alzada es menor que la del caballo terrestre y algo mayor que la del asno". ¶

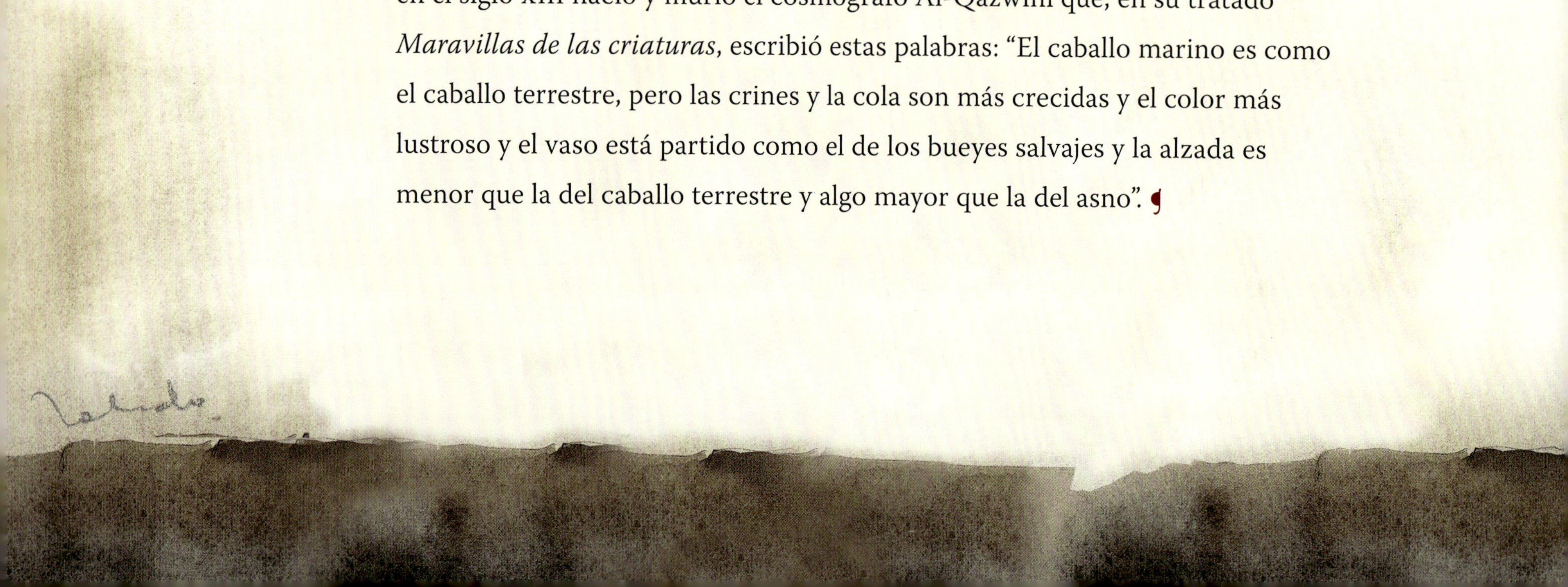

# | El Cancerbero |

Si el Infierno es una casa, la casa de Hades, es natural que un perro la guarde; también es natural que a ese perro lo imaginen atroz. La *Teogonía* de Hesíodo le atribuye cincuenta cabezas; para mayor comodidad de las artes plásticas, este número ha sido rebajado y las tres cabezas del Cancerbero son del dominio público. Virgilio menciona sus tres gargantas; Ovidio, su triple ladrido; Butler compara las tres coronas de la tiara del Papa, que es portero del cielo, con las tres cabezas del perro que es portero de los Infiernos (*Hudibras*, IV, 2). Dante le presta caracteres humanos que agravan su índole infernal: barba mugrienta y negra, manos uñosas que desgarran, entre la lluvia, las almas de los réprobos. Muerde, ladra y muestra los dientes. ❡ Sacar el Cancerbero a la luz del día fue el último de los trabajos de Hércules. ❡

# | El centauro |

El centauro es la criatura más armoniosa de la zoología fantástica. Biforme lo llaman las *Metamorfosis* de Ovidio, pero nada cuesta olvidar su índole heterogénea y pensar que en el mundo platónico de las formas hay un arquetipo del centauro, como del caballo o del hombre. El descubrimiento de ese arquetipo requirió siglos; los monumentos primitivos y arcaicos exhiben un hombre desnudo, al que se adapta incómodamente la grupa de un caballo. En el frontón occidental del Templo de Zeus, en Olimpia, los centauros ya tienen patas equinas; de donde debiera arrancar el cuello del animal arranca el torso humano.

# | El ciervo celestial |

Nada sabemos de la estructura del ciervo celestial (acaso porque nadie lo ha podido ver claramente), pero sí que estos trágicos animales andan bajo tierra y no tienen otra ansia que salir a la luz del día. Saben hablar y ruegan a los mineros que los ayuden a salir. Al principio, quieren sobornarlos con la promesa de metales preciosos; cuando falla este ardid, los ciervos hostigan a los hombres, y éstos los emparedan firmemente en las galerías de la mina. Se habla asimismo de hombres a quienes han torturado los ciervos… La tradición añade que si los ciervos emergen a la luz, se convierten en un líquido pestilente que puede asolar al país. Esta imaginación es china y la registra el libro *Chinese ghouls and goblins* (Londres, 1928) de G. Willoughby-Meade.

# | Una cruza |

Tengo un animal curioso, mitad gatito, mitad cordero. Es una herencia de mi padre. En mi poder se ha desarrollado del todo; antes era más cordero que gato. Ahora es mitad y mitad. Del gato tiene la cabeza y las uñas, del cordero el tamaño y la forma; de ambos los ojos, que son huraños y chispeantes, la piel suave y ajustada al cuerpo, los movimientos a la par saltarines y furtivos. Echado al sol, en el hueco de la ventana, se hace un ovillo y ronronea; en el campo corre como loco y nadie lo alcanza. Dispara de los gatos y quiere atacar a los corderos. En las noches de luna su paseo favorito es la canaleta del tejado. No sabe maullar y abomina de los ratones. Horas y horas pasa en acecho ante el gallinero, pero jamás ha cometido un asesinato.

Franz Kafka

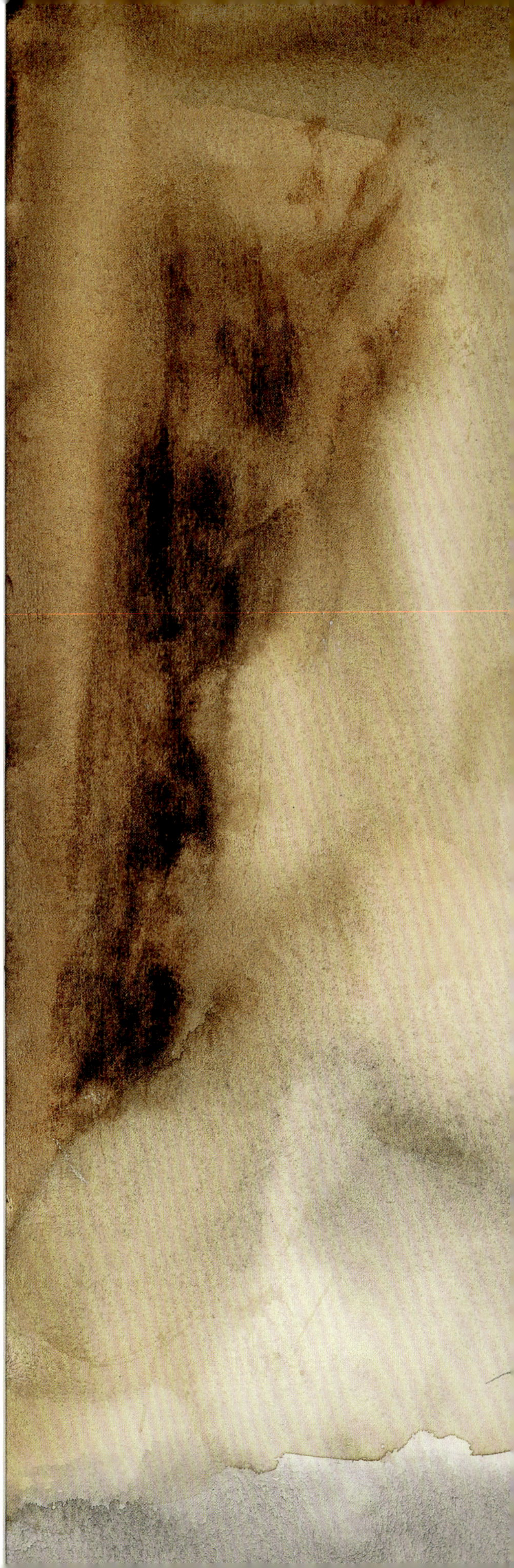

# | Chancha con cadenas |

En la página 106 del *Diccionario folklórico argentino* (Buenos Aires, 1950) de Félix Coluccio se lee: "En el norte de Córdoba y muy especialmente en Quilinos, se habla de la aparición de una chancha encadenada que hace su presencia por lo común en horas de la noche. Aseguran los lugareños vecinos a la estación del ferrocarril que la chancha con cadenas a veces se desliza sobre las vías férreas y otros nos afirmaron que no era raro que corriera por los cables del telégrafo, produciendo un ruido infernal con las 'cadenas'. Nadie la ha podido ver, pues cuando se le busca desaparece misteriosamente".

# | El Devorador de las sombras |

Hay un curioso género literario que independientemente se ha dado en diversas épocas y naciones: la guía del muerto en las regiones ultraterrenas. [...] ❡ Los tibetanos tienen demonios que ofician de furiosos verdugos; los egipcios, el Devorador de las sombras. ❡ El muerto jura no haber sido causa de hambre o causa de llanto, no haber matado y no haber hecho matar, no haber robado los alimentos funerarios, no haber falseado las medidas, no haber apartado la leche de la boca del niño, no haber alejado del pasto a los animales, no haber apresado los pájaros de los dioses. ❡ Si miente, los cuarenta y dos jueces lo entregan al Devorador "que por delante es cocodrilo, por el medio, león y, por detrás, hipopótamo". Lo ayuda otro animal, Babaí, del que sólo sabemos que es espantoso y que Plutarco identifica con un titán, padre de la Quimera. ❡

## | Los Diez Mil Seres |

La cosmogonía china enseña que los Diez Mil Seres (el mundo) nacen del juego rítmico de dos principios complementarios y eternos, que son el Yin y el Yang. Corresponden al Yin la concentración, la oscuridad, la pasividad, los números pares y el frío; al Yang, el crecimiento, la luz, el ímpetu, los números impares y el calor. Símbolos del Yin son la mujer, la tierra, el anaranjado, los valles, los cauces de los ríos y el tigre; del Yang, el hombre, el cielo, el azul, las montañas, los pilares, el dragón.

# | El dragón chino |

Un dragón o un caballo-dragón surgió del río Amarillo y reveló a un emperador el famoso diagrama circular que simboliza el juego recíproco del Yang y el Yin; un rey tenía en sus establos dragones de silla y de tiro; otro se nutrió de dragones y su reino fue próspero. [...] ❡ Durante siglos, el dragón fue un emblema imperial. El trono del emperador se llamó el Trono del Dragón; su rostro, el Rostro del Dragón. Para anunciar que el emperador había muerto, se decía que había ascendido al firmamento sobre un dragón. [...] ❡ El dragón chino tiene cuernos, garras y escamas, y su espinazo está como erizado de púas. Es habitual representarlo con una perla, que suele tragar o escupir; en esa perla está su poder. Es inofensivo si se la quitan. ❡

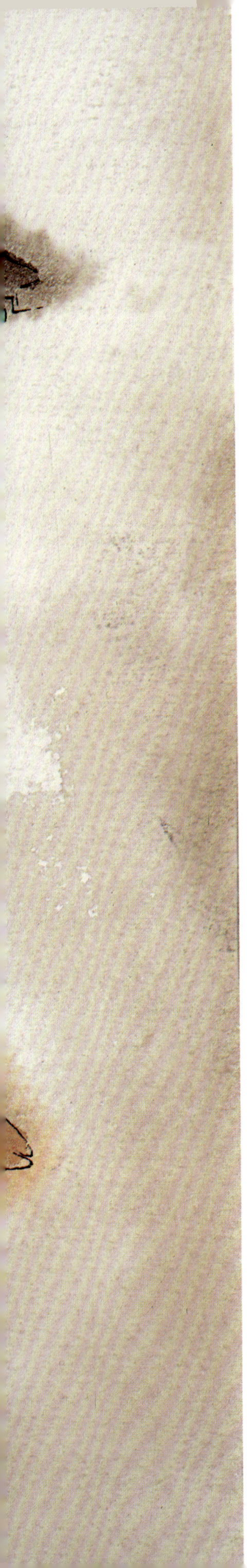

# | La esfinge |

La esfinge de los monumentos egipcios (llamada *androesfinge* por Heródoto, para distinguirla de la griega) es un león echado en la tierra y con cabeza de hombre; representaba, se conjetura, la autoridad del rey y custodiaba los sepulcros y templos. Otras, en las avenidas de Karnak, tienen cabeza de carnero, el animal sagrado de Amón. Esfinges barbadas y coronadas hay en los monumentos de Asiria y la imagen es habitual en las gemas persas. Plinio, en su catálogo de animales etiópicos, incluye las esfinges, de las que no precisa otro rasgo que el pelaje pardo rojizo, y los pechos iguales. La esfinge griega tiene cabeza y pechos de mujer, alas de pájaro, y cuerpo y pies de león. Otros le atribuyen cuerpo de perro y cola de serpiente.

# | Fauna china |

El *hsing-t'ien* es un ser acéfalo que, habiendo combatido contra los dioses, fue decapitado y quedó para siempre sin cabeza. Tiene los ojos en el pecho y su ombligo es su boca. Brinca y salta en los descampados, blandiendo su escudo y su hacha. ❡ El pez *hua* o pez serpiente voladora, parece un pez, pero tiene alas de pájaro. Su aparición presagia la sequía. ❡ El *hui* de las montañas parece un perro con cara de hombre. Es muy buen saltador y se mueve con la rapidez de una flecha; por ello se considera que su aparición presagia tifones. Se ríe burlonamente cuando ve al hombre. [...] ❡ En la región del brazo raro, las personas tienen un brazo y tres ojos. Son notablemente hábiles y fabrican carruajes voladores, en los que viajan por el viento. ❡ El *ti-chiang* es un pájaro sobrenatural que habita en las Montañas Celestiales. Es de color bermejo, tiene seis patas y cuatro alas, pero no tiene ni cara ni ojos. ❡

T'ai P'ing Kuang Chi

# | Fauna de los Estados Unidos |

La jocosa mitología de los campamentos de hacheros de Wisconsin y de Minnesota incluye singulares criaturas, en las que, seguramente, nadie ha creído. ❡ El *Hidebehind* siempre está detrás de algo. Por más vueltas que diera un hombre, siempre lo tenía detrás y por eso nadie lo ha visto, aunque ha matado y devorado a muchos leñadores. [...] ❡ El *Teakettler* debe su nombre al ruido que hace, semejante al del agua hirviendo de la caldera del té; echa humo por la boca, camina para atrás y ha sido visto muy pocas veces. [...] ❡ No olvidemos el *Goofus Bird*, pájaro que construye el nido al revés y vuela para atrás, porque no le importa adónde va, sino dónde estuvo. ❡

# | El hijo de Leviatán |

En aquel tiempo, había en un bosque sobre el Ródano, entre Arles y Aviñón, un dragón, mitad bestia y mitad pez, mayor que un buey y más largo que un caballo. Y tenía los dientes agudos como la espada, y cuernos a ambos lados, y se ocultaba en el agua, y mataba a los forasteros y ahogaba las naves. Y había venido por la mar de Galasia, y había sido engendrado por Leviatán, cruelísima serpiente de agua, y por una bestia que se llama Onagro, que engendra la región de Galasia...

*La leyenda dorada* (*La légende dorée*), Lyon, 1518

# | El Hipogrifo |

Para significar imposibilidad o incongruencia, Virgilio habló de encastar caballos con grifos. Cuatro siglos después, Servio el comentador afirmó que los grifos son animales que de medio cuerpo arriba son águilas, y de medio abajo, leones. Para dar mayor fuerza al texto, agregó que aborrecen a los caballos… […] Pietro Micheli hace notar que es más armonioso que el caballo con alas. ❡ Su descripción puntual, escrita como para un diccionario de zoología fantástica, consta en el *Orlando furioso*: "No es fingido el corcel, sino natural, porque un grifo lo engendró en una yegua. Del padre tiene la pluma y las alas, las patas delanteras, el rostro y el pico; las otras partes, de la madre y se llama Hipogrifo. Vienen (aunque, a decir verdad, son muy raros) de los montes Rifeos, más allá de los mares glaciales". ❡

# | *Ictiocentauros* |

Licofronte, Claudiano y el gramático bizantino Juan Tzetzes han mencionado alguna vez los *ictiocentauros*; otra referencia a ellos no hay en los textos clásicos. Podemos traducir *ictiocentauros* por centauro-peces; la palabra se aplicó a seres que los mitólogos han llamado también centauro-tritones. Su representación abunda en la escultura romana y helenística. De la cintura arriba son hombres, de la cintura abajo son peces, y tienen patas delanteras de caballo o de león. Su lugar está en el cortejo de las divinidades marinas, junto a los hipocampos.

# | El *Kami* |

Según un pasaje de Séneca, Tales de Mileto enseñó que la tierra flota en el agua, como una embarcación, y que el agua, agitada por las tormentas, causa los terremotos. Otro sistema sismológico nos proponen los historiadores, o mitólogos, japoneses del siglo VIII. ❡ En una página famosa se lee: "Bajo la tierra —de llanuras juncosas— yacía un *Kami* (un ser sobrenatural) que tenía la forma de un barbo y que, al moverse, hacía que temblara la tierra hasta que el Magno Dios de la Isla de Ciervos hundió la hoja de su espada en la tierra y le atravesó la cabeza. Cuando el *Kami* se agita, el Magno Dios se apoya en la empuñadura y el *Kami* vuelve a la quietud". ❡

# | Khumbamba |

¿Cómo era el gigante Khumbamba, que guarda la montaña de cedros de la despedazada epopeya babilónica *Gilgamesch*, quizá la más antigua del mundo? George Burckhardt ha tratado de reconstruirlo (*Gilgamesch*, Wiesbaden, 1952); he aquí, vertidas al español, sus palabras: "Enkidu derribó con el hacha uno de los cedros. *¿Quién ha penetrado en el bosque y ha derribado un cedro?*, dijo una enorme voz. Los héroes vieron acercarse a Khumbamba. Tenía uñas de león, el cuerpo revestido de ásperas escamas de bronce, en los pies las garras del buitre, en la frente los cuernos del toro salvaje, la cola y el órgano de la generación concluían en cabeza de sierpe". En el noveno canto de *Gilgamesch*, hombres escorpiones —que de la cintura arriba suben al cielo y de la cintura abajo se hunden en los infiernos— custodian, entre las montañas, la puerta por la que sale el sol.

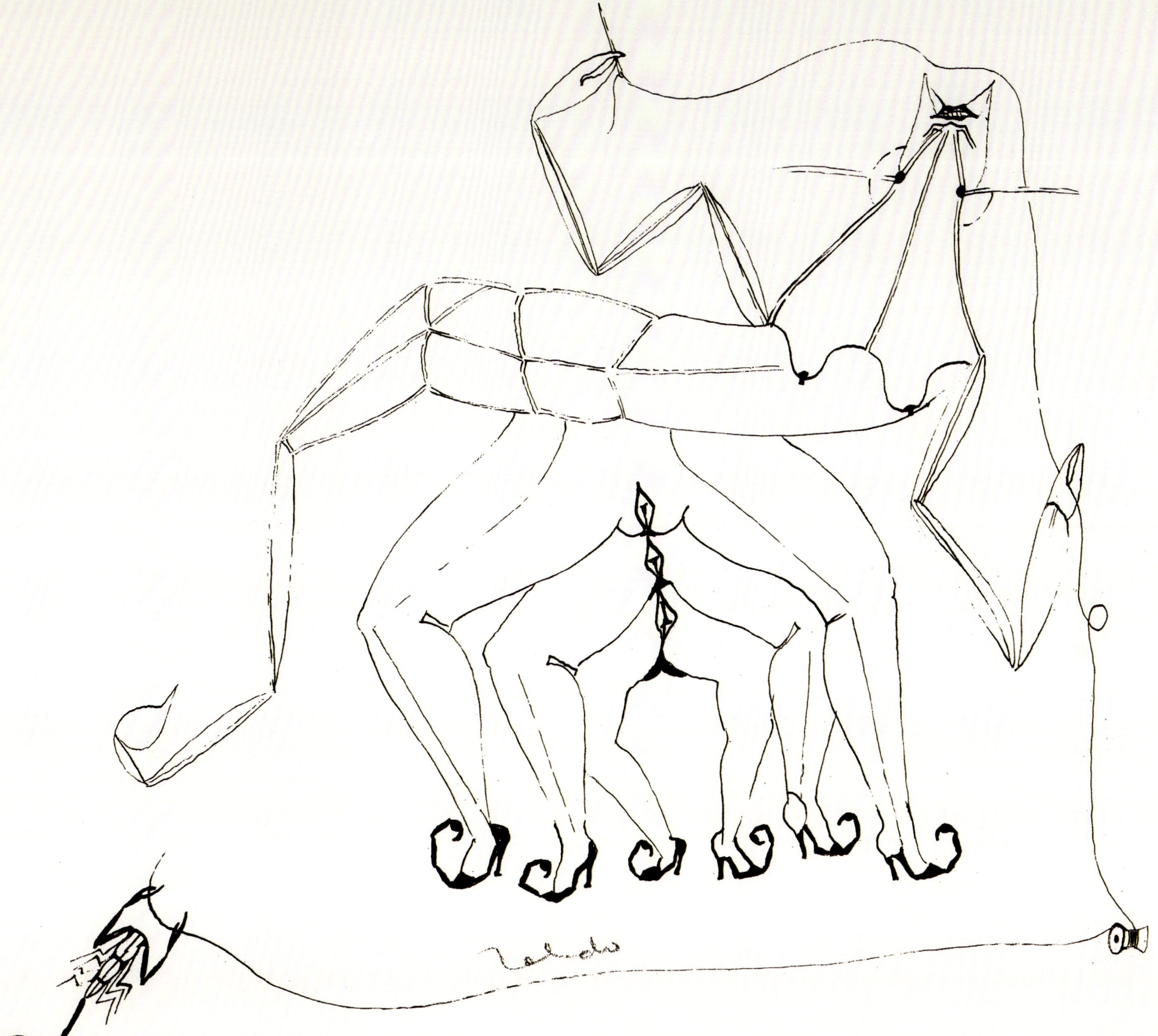

# | El *kraken* |

El *kraken* es una especie escandinava del *zaratán* y del dragón de mar o culebra de mar de los árabes. En 1752, el dinamarqués Eric Pontoppidan, obispo de Bergen, publicó una *Historia natural de Noruega*, obra famosa por su hospitalidad o credulidad; en sus páginas se lee que el lomo del *kraken* tiene una milla y media de longitud y que sus brazos pueden abarcar el mayor navío. El lomo sobresale como una isla; Eric Pontoppidan llega a formular esta norma: "Las islas flotantes son siempre *krakens*". Asimismo escribe que el *kraken* suele enturbiar las aguas del mar con una descarga de líquido; esta sentencia ha sugerido la conjetura de que el *kraken* es una magnificación del pulpo.

## | La liebre lunar |

En las manchas lunares, los ingleses creen descifrar la forma de un hombre; [...] ❡ Los chinos, en cambio, hablan de la liebre lunar. El Buddha, en una de sus vidas anteriores, padeció hambre; para alimentarlo, una liebre se arrojó al fuego. El Buddha, como recompensa, envió su alma a la luna. Ahí, bajo una acacia, la liebre tritura en un mortero mágico las drogas que integran el elíxir de la inmortalidad. En el habla popular de ciertas regiones, esta liebre se llama *el doctor*, o *liebre preciosa*, o *liebre de jade*. ❡ De la liebre común se cree que vive hasta los mil años y que encanece al envejecer. ❡

## | La madre de las tortugas |

Veintidós siglos antes de la era cristiana, el justo emperador Yü el Grande recorrió y midió con sus pasos las Nueve Montañas, los Nueve Ríos y los Nueve Pantanos y dividió la tierra en Nueve Regiones, aptas para la virtud y la agricultura. Sujetó así las Aguas que amenazaban inundar el Cielo y la Tierra; los historiadores refieren que la división que impuso al mundo de los hombres le fue revelada por una tortuga sobrenatural o angelical que salió de un arroyo. Hay quien afirma que este reptil, madre de todas las tortugas, estaba hecho de agua y de fuego; otros le atribuyen una sustancia harto menos común: la luz de las estrellas que forman la constelación del Sagitario. [...] ❡ Para los chinos [...] las tortugas participan, por lo demás, de la longevidad de lo cósmico; es natural que las incluyan entre los animales espirituales (junto al unicornio, al dragón, al fénix y al tigre) y que los augures busquen presagios en su caparazón. ❡

# | La mandrágora |

Como el *borametz*, la planta llamada mandrágora confina con el reino animal, porque grita cuando la arrancan; ese grito puede enloquecer a quienes lo escuchan (*Romeo y Julieta*, IV, 3). Pitágoras la llamó antropomorfa; el agrónomo latino Lucio Columela, semi-homo, y Alberto Magno pudo escribir que las mandrágoras figuran la humanidad, con la distinción de los sexos. Antes, Plinio había dicho que la mandrágora blanca es el macho y la negra es la hembra. También, que quienes la recogen trazan alrededor tres círculos con la espada y miran al poniente; el olor de las hojas es tan fuerte que suele dejar mudas a las personas. Arrancarla era correr el albur de espantosas calamidades; el último libro de la *Guerra judía* de Flavio Josefo nos aconseja recurrir a un perro adiestrado. Arrancada la planta, el animal muere, pero las hojas sirven para fines narcóticos, mágicos y laxantes.

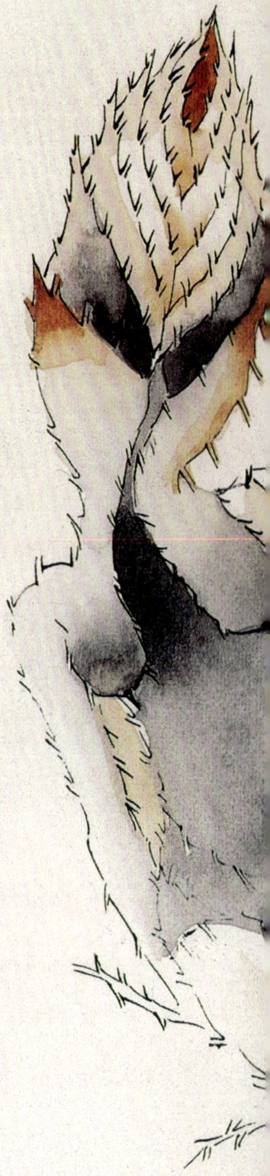

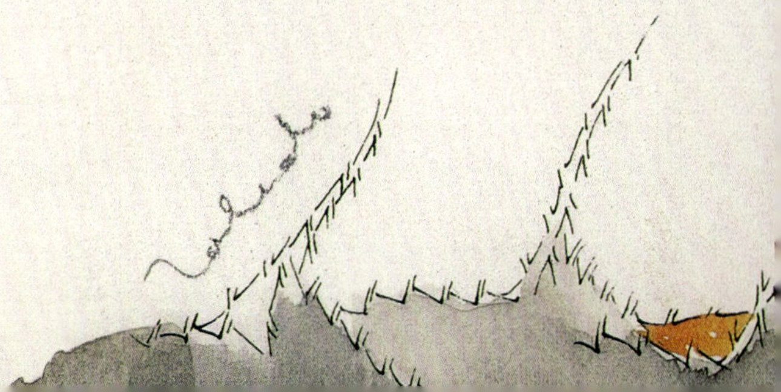

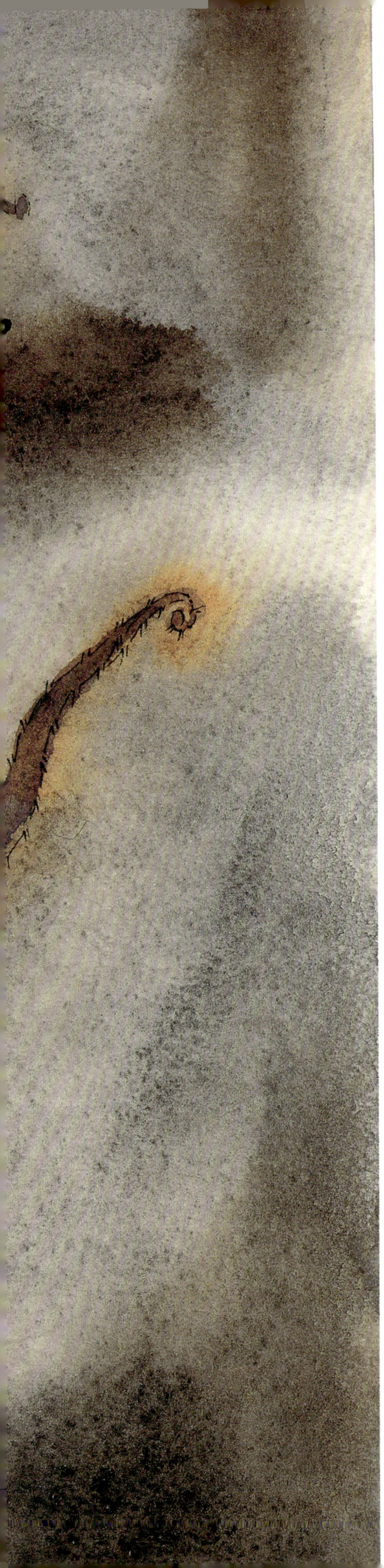

# | El *mirmecoleón* |

Un animal inconcebible es el *mirmecoleón*, definido así por Flaubert: "León por delante, hormiga por detrás, y con las pudendas al revés". La historia de este monstruo es curiosa. En las escrituras se lee: "El viejo león perece por falta de presa" (Job, 4: 11). El texto hebreo trae *layish* por león; esta palabra anómala parecía exigir una traducción que también fuese anómala: los Setenta recordaron un león arábigo que Eliano y Estrabón llaman *myrmex* y forjaron la palabra *mirmecoleón*.

## | El león-hormiga |

M*yrmex*, en griego, vale por hormiga; de las palabras enigmáticas "El león-hormiga perece por falta de presa" salió una fantasía que los bestiarios medievales multiplicaron: "El fisiólogo trata del león-hormiga; el padre tiene forma de león, la madre de hormiga; el padre se alimenta de carne, y la madre de hierbas. Y éstos engendran el león-hormiga, que es mezcla de los dos y que se parece a los dos, porque la parte delantera es de león, la trasera de hormiga. Así conformado, no puede comer carne, como el padre, ni hierbas, como la madre; por consiguiente, muere".

## | El mono de la tinta |

Este animal abunda en las regiones del norte y tienen cuatro o cinco pulgadas de largo; está dotado de un instinto curioso; los ojos son como cornalinas, y el pelo es negro azabache, sedoso y flexible, suave como una almohada. Es muy aficionado a la tinta china, y cuando las personas escriben, se sienta con una mano sobre la otra y las piernas cruzadas esperando que hayan concluido y se bebe el sobrante de la tinta. Después vuelve a sentarse en cuclillas, y se queda tranquilo.

Wang Ta-Hai (1791)

# | El *nesnás* |

Entre los monstruos de la *Tentación* figuran los *nisnas*, que "sólo tienen un ojo, una mejilla, una mano, una pierna, medio cuerpo y medio corazón". Un comentador, Jean-Claude Margolin, escribe que los ha forjado Flaubert, pero el primer volumen de las *Mil y una noches* de Lane (1839) los atribuye al comercio de los hombres con los demonios. El *nesnás* —así escribe Lane la palabra— es la mitad de un ser humano; tiene media cabeza, medio cuerpo, un brazo y una pierna; brinca con suma agilidad y habita en las soledades del Hadramuaut y del Yemen. Es capaz de lenguaje articulado; algunos tienen la cara en el pecho, como los *blemies*, y cola semejante a la de la oveja; su carne es dulce y muy buscada. Una variedad de *nesnás* con alas de murciélago abunda en la isla de Raïj (acaso Borneo), en los confines de China; pero, añade el incrédulo expositor, Alá sabe todo.

# | La pantera |

En los bestiarios medievales, la palabra *pantera* indica un animal asaz diferente del "mamífero carnicero" de la zoología contemporánea. Aristóteles había mencionado que su olor atrae a los demás animales; Eliano —autor latino apodado Lengua de Miel por su cabal dominio del griego— declaró que ese olor también era agradable a los hombres. (En este rasgo, algunos han conjeturado una confusión con el gato de algalia.) Plinio le atribuyó una mancha en el lomo, de forma circular, que menguaba y crecía con la luna. A estas circunstancias maravillosas vino a agregarse el hecho de que la Biblia griega de los Setenta usa la palabra *pantera* en un lugar que puede referirse a Jesús (Oseas 5: 14). ❡ En el bestiario anglosajón del códice de Exeter, la pantera es un animal solitario y suave, de melodiosa voz y aliento fragante. Hace su habitación en las montañas, en un lugar secreto. No tiene otro enemigo que el dragón, con el que sin tregua combate. Duerme tres noches y, cuando se despierta cantando, multitudes de hombres y de animales acuden a su cueva, desde los campos, los castillos y las ciudades, atraídos por la fragancia y la música. ❡

# | La Peluda de la Ferté-Bernard |

A orillas del Huisne, arroyo de apariencia tranquila, merodeaba durante la Edad Media la Peluda (*La velue*). Este animal habría sobrevivido el Diluvio, sin haber sido recogido en el arca. Era del tamaño de un toro; tenía cabeza de serpiente, un cuerpo esférico cubierto de pelaje verde, armado de aguijones cuya picadura era mortal. Las patas eran anchísimas, semejantes a las de la tortuga; con la cola, en forma de serpiente, podía matar a las personas y los animales. Cuando se encolerizaba, lanzaba llamas que destruían las cosechas. De noche, saqueaba los establos. Cuando los campesinos la perseguían, se escondía en las aguas del Huisne que hacía desbordar, inundando toda la zona.

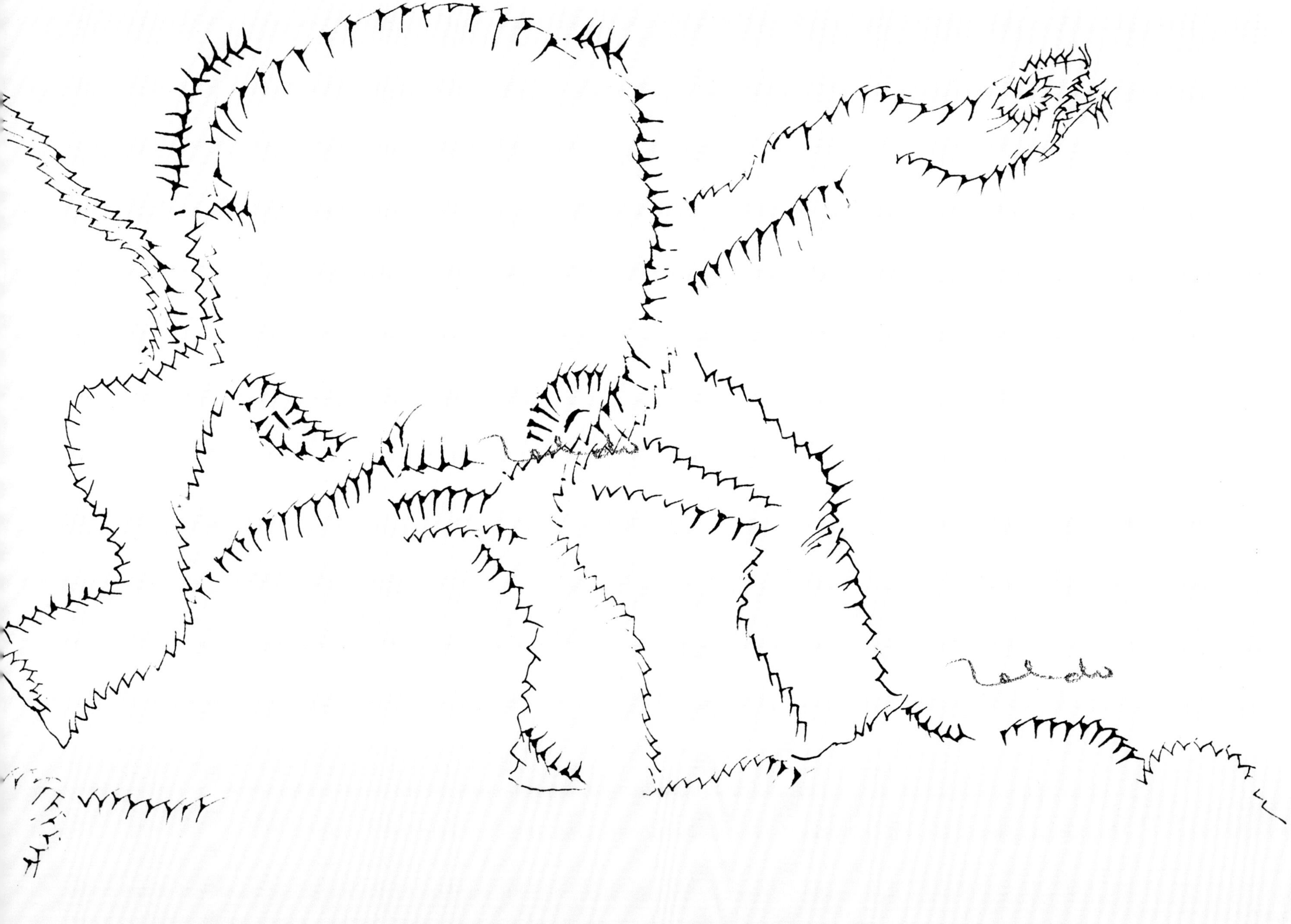

# | El peritio |

Parece que la sibila de Eritrea afirmó en uno de sus oráculos que Roma sería destruida por los peritios. ❡ Al desaparecer dichos oráculos en el año 671 de nuestra era (fueron quemados accidentalmente), quien se ocupó en restituirlos omitió el vaticinio y por ello en los mismos no hay indicación alguna al respecto. ❡ Ante tan oscuro antecedente, se hizo necesario buscar una fuente que arrojara mayor luz sobre el particular. Así fue como tras mil y un inconvenientes se supo que en el siglo XVI un rabino de Fez (con toda seguridad Aaron-Ben-Chaim) había publicado un folleto dedicado a los animales fantásticos, donde traía a colación la obra de un autor árabe leída por él, en la que se mencionaba la pérdida de un tratado sobre los peritios, al incendiar Omar la biblioteca de Alejandría en el 640. ❡ Si bien el rabino no ha dado el nombre del autor árabe, tuvo la felicidad de transcribir algunos párrafos de su obra: [...] "Los peritios habitan en la Atlántida y son mitad ciervos, mitad aves. Tienen del ciervo la cabeza y las patas. En cuanto al cuerpo es un ave perfecta con sus correspondientes alas y plumaje. ❡ ...Su más asombrosa particularidad consiste en que, cuando les da el sol, en vez de proyectar la sombra de su figura, proyectan la de un ser humano, de donde algunos concluyen que los peritios son espíritus de individuos que murieron lejos de la protección de los dioses... ❡ ...se los ha sorprendido alimentándose de tierra seca [...] ❡ ...ellos (los peritios) son temibles enemigos del género humano. Parece que cuando logran matar a un hombre, inmediatamente su sombra obedece a su cuerpo y alcanzan el favor de los dioses. ❡

## | Rémora |

Rémora, en latín, es demora. Tal es el recto sentido de esa palabra, que figuradamente se aplicó a la *echeneis*, porque le atribuyeron la facultad de detener los barcos. El proceso se invirtió en español; rémora, en sentido propio, es el pez y, en sentido figurado, el obstáculo. La rémora es un pez de color ceniciento; sobre la cabeza y la nuca tiene una placa oval, cuyas láminas cartilaginosas le sirven para adherirse a los demás cuerpos submarinos, formando con ella el vacío.

# | Un rey de fuego y su caballo |

Heráclito enseñó que el elemento primordial era el fuego, pero ello no equivale a imaginar seres hechos de fuego, seres labrados en la momentánea y cambiante substancia de las llamas. Esta casi imposible concepción la intentó William Morris, en el relato *El anillo dado a Venus* del ciclo *El Paraíso terrenal* (1868-70). Dicen así los versos: "El Señor de aquellos demonios era un gran rey, coronado y cetrado. Como una llama blanca resplandecía su rostro, perfilado como un rostro de piedra; pero era un fuego que se transformaba y no carne, y lo surcaban el deseo, el odio y el terror. Su cabalgadura era prodigiosa; no era caballo ni dragón ni hipogrifo; se parecía y no se parecía a esas bestias, y cambiaba como las figuras de un sueño".

# | Sirenas |

A lo largo del tiempo, las sirenas cambian de forma. Su primer historiador, el rapsoda del duodécimo libro de la *Odisea*, no nos dice cómo eran; para Ovidio, son aves de plumaje rojizo y cara de virgen; para Apolonio de Rodas, de medio cuerpo hacia arriba son mujeres y, abajo, aves marinas; para el maestro Tirso de Molina (y para la heráldica), "la mitad mujeres, peces la mitad". No menos discutible es su género; el diccionario clásico de Lemprière entiende que son ninfas, el de Quicherat que son monstruos y el de Grimal que son demonios. Moran en una isla del poniente, cerca de la isla de Circe, pero el cadáver de una de ellas, Parténope, fue encontrado en Campania, y dio su nombre a la famosa ciudad que ahora lleva el de Nápoles, y el geógrafo Estrabón vio su tumba y presenció los juegos gimnásticos que periódicamente se celebraban para honrar su memoria.

# | El unicornio |

La primera versión del unicornio casi coincide con las últimas. Cuatrocientos años antes de la era cristiana, el griego Ctesias, médico de Artajerjes Mnemón, refiere que en los reinos del Indostán hay muy veloces asnos silvestres, de pelaje blanco, de cabeza purpúrea, de ojos azules, provistos de un agudo cuerno en la frente, que en la base es blanco, en la punta es rojo y en el medio es plenamente negro. Plinio agrega otras precisiones (VIII, 31): "Dan caza en la India a otra fiera: el unicornio, semejante por el cuerpo al caballo, por la cabeza al ciervo, por las patas al elefante, por la cola al jabalí. Su mugido es grave; un largo y negro cuerno se eleva en medio de su frente. Se niega que pueda ser apresado vivo". El orientalista Schrader, hacia 1892, pensó que el unicornio pudo haber sido sugerido a los griegos por ciertos bajorrelieves persas, que representan toros de perfil, con un solo cuerno. ❡ [...] Un caballito blanco con patas traseras de antílope, barba de chivo y un largo y retorcido cuerno en la frente, es la representación habitual de este animal fantástico. ❡ Leonardo da Vinci atribuye la captura del unicornio a su sensualidad; ésta le hace olvidar su fiereza y recostarse en el regazo de la doncella, y así lo apresan los cazadores. ❡

# | El unicornio chino |

El unicornio chino o *k'i-lin* es uno de los cuatro animales de buen agüero; los otros son el dragón, el fénix y la tortuga. El unicornio es el primero de los animales cuadrúpedos; tiene cuerpo de ciervo, cola de buey y cascos de caballo; el cuerno que le crece en la frente está hecho de carne; el pelaje del lomo es de cinco colores entreverados; el del vientre es pardo o amarillo. No pisa el pasto verde y no hace mal a ninguna criatura. Su aparición es presagio del nacimiento de un rey virtuoso. Es de mal agüero que lo hieran o que hallen su cadáver. Mil años es el término natural de su vida.

## | Baldanders |

Baldanders (cuyo nombre podemos traducir por *Ya diferente* o *Ya otro*) fue sugerido al maestro zapatero Hans Sachs, de Núremberg, por aquel pasaje de la *Odisea* en que Menelao persigue al dios egipcio Proteo, que se transforma en león, en serpiente, en pantera, en un desmesurado jabalí, en un árbol y en agua. Hans Sachs murió en 1576; al cabo de unos noventa años, Baldanders resurge en el sexto libro de la novela fantástico-picaresca de Grimmelshausen, *Simplicius Simplicissimus*. En un bosque, el protagonista da con una estatua de piedra, que le parece el ídolo de algún viejo templo germánico. La toca y la estatua le dice que es Baldanders y toma las formas de un hombre, de un roble, de una puerca, de un salchichón, de un prado cubierto de trébol, de estiércol, de una flor, de una rama florida, de una morera, de un tapiz de seda, de muchas otras cosas y seres, y luego, nuevamente de un hombre. [...] ❡ Baldanders es un monstruo sucesivo, un monstruo en el tiempo. ❡

# | Cronología |

La exposición *Francisco Toledo. Zoología fantástica. Homenaje a Jorge Luis Borges* se presentó en las siguientes sedes:

**Octubre 21-noviembre 13, 1985.** Obra gráfica y 32 acuarelas, Nippon Gallery, Tokio.

**Febrero 21-abril 21, 1986.** Museo Regional de Guadalajara. Semana Cultural del Colegio Alemán. Auspiciada por el Departamento de Bellas Artes, Instituto Nacional de Antropología e Historia, Sociedad de Amigos del Museo, Galería Carlos Ashida, Guadalajara, Jalisco.

**Mayo 25-junio 30, 1986.** Sala Manzo de la Casa de la Cultura de Puebla. Programa Cultural de Puebla 1986, auspiciado por la embajada de Argentina y el INBA, Puebla.

**Julio 28-agosto 31, 1986.** Galería Arvil, México, D.F.

**Octubre 1-31, 1986.** Museo de Arte Moderno, Centro Cultural Difocur, Programa Cultural de las Fronteras, Culiacán, Sinaloa.

**Noviembre 10-enero 4, 1987.** Centro Cultural, Programa Cultural de las Fronteras, Tijuana, Baja California.

**Enero 15-marzo 2, 1987.** Instituto Cultural Mexicano, Programa Cultural de las Fronteras, San Antonio, Texas.

**Abril 9-mayo 24, 1987.** Musée Cantonal des Beaux Arts, Lausanne, Suiza.

**Noviembre 3-29, 1987.** Museo de Arte Moderno, Buenos Aires.

**Enero 1988.** Palacio Imperial, Río de Janeiro.

**Febrero 1988.** Palacio Itamaraty, Brasilia.

**Marzo 7-abril 10, 1988.** Museo de Arte Contemporáneo. Ciudad Universitaria, Sao Paulo.

**Mayo 3, 1988.** Museo Camilo Egas del Banco Central de Ecuador, Quito.

**Julio 17-agosto 25, 1988.** Museo de Arte Contemporáneo, Caracas.

**Septiembre 1988.** Museo de Arte Moderno. Bogotá.

**Octubre 26, 1989-enero 30, 1990.** Museo de Monterrey, Monterrey.

**Enero 22-abril 22, 1991.** 50 obras gráficas. Instituto Cultural Mexicano, auspiciada por el Banco Interamericano de Desarrollo, Washington, D.C.

**Octubre 7-noviembre 19, 1997.** Visita presidencial, Centro Cultural de México, París.

**Noviembre 1-21, 1999.** Museo del Palacio de Bellas Artes, México, D.F.

**Diciembre 3, 1999-marzo 9, 2000.** Instituto de Artes Gráficas de Oaxaca.

**Mayo 5-junio 4, 2000.** Casa de América, Madrid.*

**Julio 26-septiembre 11, 2000.** Centro Cultural Círculo de Arte, Barcelona.*

**Marzo 3-abril 22, 2001.** Curada por Erika Billeter. Waldhof Bielefelder Kunstverein, Bielefeld, Alemania.*

**Junio 27-septiembre 30, 2001.** Kunsthalle Würth, Kunzelsau, Alemania.*

**Octubre 12-22, 2001.** Salón de los Espejos, Museum Für Kunst und Gewerbe, Hamburgo. Visita presidencial.*

**Noviembre 15-diciembre, 2001.** Embajada de México, Berlín.*

**Enero 25-febrero 22, 2002.** Städtische Galerie Reutlingen, Reutlingen, Alemania.*

**Abril 8-30, 2002.** Instituto Cervantes, Múnich.*

**Junio 11-agosto 10, 2002.** Galería Gutmann, Budapest.*

**Septiembre 2-27, 2002.** Instituto Cultural Mexicano, Viena.*

**Octubre-noviembre 2002.** Galería Kritikum, Palacio Adria, Praga.*

**Enero 15-marzo 30, 2003.** Museo de Arte de Ponce, Ponce, Puerto Rico.*

**Abril 20-junio 15, 2003.** Meadows Museum, Dallas, Texas. *

**Julio 14-septiembre 30, 2003.** McNay Art Museum, San Antonio, Texas.*

**Noviembre 13-diciembre 2003.** Espace Mexique, Montreal.*

**Febrero 23-marzo 7, 2004.** Museo de Arte Contemporáneo de Panamá. En coordinación con el Instituto de Cooperación Internacional, Secretaría de Relaciones Exteriores, Panamá.*

**Marzo 20-marzo 31, 2004.** Banco Atlántida, Tegucigalpa. Visita presidencial.*

**Junio 23-septiembre 26, 2005.** Museo Amparo, Puebla.

**Marzo 28-mayo 14, 2006.** Museo de Arte Moderno de Santo Domingo, República Dominicana.

**Septiembre 10-24, 2008.** Sala de exposiciones temporales del Museo Mahmoud Mokhtar, El Cairo.*

**Noviembre 18, 2008-enero 11, 2009.** Museo Benaki, Atenas.*

**Febrero 23-marzo 21, 2009.** Arts on 5, Universidad de Essex, Colchester, Reino Unido.*

**Mayo, 2009.** Centro Cultural Puerta Real de Caja Granada, Granada.*

**Septiembre 3-25, 2009.** Instituto Nacional de la Gráfica, Roma.*

**Octubre 9-noviembre 15, 2009.** Centro Cultural Cascais, Lisboa.*

**Enero 20-febrero, 2010.** Museo de la Ciudad, Mérida, Yucatán.

**Abril 27-mayo 18, 2010.** Centro Cultural Borges, Buenos Aires.*

**Julio 1-septiembre 25, 2010.** Instituto Cervantes, Amster Yard Gallery, Nueva York.*

**Diciembre 16, 2010-febrero 2011.** Centro Cultural Borges. Galería del Consulado General de México en Dallas, Texas.*

**Abril 2-mayo 29, 2011.** The Kansas City Public Library, Kansas, Missouri.*

**2011.** Consulado de México en Atlanta, Georgia.*

**Abril 26-septiembre 16, 2012.** Mexicanidad. Kunsthalle Würth, Schwäbisch Hall, Alemania.

* En coordinación con el Instituto de Cooperación Internacional, Secretaría de Relaciones Exteriores.